（低年级段）

宁波市青少年
环保素质教育读本

明州绿语

——绿色，你好

MINGZHOULÜYU LÜSE NIHAO

宁波市江北区清源环境观察中心 / 编

中国环境出版集团 · 北京

图书在版编目（CIP）

明州绿语：绿色，你好（低年级段）/ 宁波市江北区清源环境观察中心编. -- 北京：中国环境出版集团, 2018.8

ISBN 978-7-5111-3707-4

Ⅰ. ①明… Ⅱ. ①宁… Ⅲ. ①环境保护—青少年读物
Ⅳ. ①X-49

中国版本图书馆CIP数据核字(2018)第135928号

出 版 人 武德凯
责任编辑 孔　锦
责任校对 任　丽
装帧设计 岳　帅

更多信息请关注
中国环境出版集团
第一分社

出版发行 中国环境出版集团
（100062　北京市东城区广渠门内大街16号）
网　　址：http://www.cesp.com.cn
电子邮箱：bjgl@cesp.com.cn
联系电话：010-67112765（编辑管理部）
010-67112735（第一分社）
发行热线：010-67125803，010-67113405（传真）

印　　刷 北京中科印刷有限公司
经　　销 各地新华书店
版　　次 2018年8月第1版
印　　次 2018年8月第1次印刷
开　　本 787毫米×1092毫米　1/16
印　　张 3.5
字　　数 8千字
定　　价 23.00元

编者语

为提升宁波市青少年环境保护素养，助力环境保护事业，特开发环保教育读本“明州绿语”。读本的形成基于环保公益组织“清源环境观察中心”过去几年推广青少年环保素质教育的经验成果，在此感谢浙江省青少年发展基金会、宁波市团市委、宁波市城管局、宁波市环保局、宁波市教育局、宁波市“五水办”、宁波大学、宁波市江北区民政局等各单位在推广青少年环保素质教育过程中的帮助和支持。

环保知识的传播和环保意识的培养需贴合读者年龄及接受能力，是一项需要长期延续进行的事业。读本注重选取宁波市具有代表性的环境保护领域，针对宁波市小学低年级段少年儿童，进行环保知识引导与启蒙。

读本内容归纳为六章，分别为治理污水、节约用水、绿色出行、噪声污染、垃圾分类、海洋环保，每章包含环保小故事、污染现状、污染成因、环保政策措施四大板块内容。

为帮助小朋友更好地理解环保知识，读本图文结合，并基于互联网技术，通过视频教育、动画引导等生动活泼的方式，多元呈现环保知识，让小朋友在轻松愉悦的氛围下认识环保问题、学习环保知识、提高环保素养，对绿色说“你好”，对环保说“你好”！

希望读者通过学习，产生环保共鸣，同时提升自身环保素养，为守护好“青山绿水”贡献自己的力量。

编委会

2017 年 12 月于宁波大学

宝宝简介

大家好，我是水宝宝，也叫水仔。我管理着城市中的水，河流和海洋都是我的好朋友，大家可一定要爱护它们哦！

我是气宝宝，负责管理城市空气。空气对我们实在太重要了，请大家一定要好好保护！

我是声宝宝！城市噪声会对我们造成许多危害，跟我一起赶走噪声，好吗？

我是固宝宝，负责管理城市垃圾。现在我们产生的垃圾越来越多，这可不行！该怎么办呢？

我呀，是万能的小精灵，水宝宝、气宝宝、声宝宝、固宝宝都是我的得力助手，我们一起管理着城市环境，当宝宝们在管理中遇到难题，我就会发挥我的力量——帮助宝宝们聚集各界力量，一起解决环境污染问题。

开发团队

框架制定　周阳靖

总负责人　张诗琪

文字编写　耿　迁　王凌超　徐　励　张诗琪

视频摄制　江文静　贾正德　陆金威　莫国建　戎　益
　　　　　盛于恒　郑　禹

动画绘制　江文静　竺容慰

漫画配图　兰季瑶　梁文鹏　王凌超　肖　薇　张忠宝

编制督导　徐　励

审　　核　（按照姓名首字母排序）
　　　　　方　芳　高华生　耿　迁　黄小龙　胡占鑫
　　　　　李　兵　李赛赛　罗　艺　舒文涛　徐继荣
　　　　　王　侃　王凌超　徐　励　肖艳芳　姚雯雯
　　　　　张诗琪　周阳靖

开发机构

宁波市江北区清源环境观察中心

致谢单位

共青团宁波市委员会
宁波大学市政与环境工程系
宁波市城市供节水管理办公室
宁波市环境保护局
宁波市江北区民政局
宁波市精神文明建设指导委员会办公室
宁波市教育局
宁波市青少年宫
宁波市“五水共治”工作领导小组办公室
宁波市委（市政府）农村工作办公室
宁波市综合行政执法（城市管理）局
宁波致善若水环保科技有限公司
宁波天河水生态科技股份有限公司

致谢资金支持

（按照单位名称首字母排序）

宁波市江北区民政局公益创投资金
宁波市“五水共治”进校园宣传、市属学校“污水零直排区建设”调查评估项目资金
浙江省青少年发展基金会

目录

第一章 治理污水

第一节 “小河妹妹”别哭

最近小河妹妹发现自己清澈见底的身体变得越来越浑浊，还散发出一股怪味，就伤心地哭了。

水宝宝听到哭声，急忙去问：“小河妹妹，你为什么哭得这么伤心呀？”小河妹妹边哭边说：“现在的人类真是越来越自私了，为了方便在我身边洗衣服，在我身上搭建了很多小桥，把易拉罐、塑料瓶、废纸等各种垃圾扔给我，工厂也把污水排放到我怀里。许多年前，小鱼和小朋友们喜欢在我怀里自由自在地游泳、戏水。可现在小鱼一条条离我而去，周围的人们也不愿来看我了……”

小提示

为了帮助小河妹妹找回快乐和美丽，水宝宝决定写一封信给人类。

人类：如果你们再这样污染河水，破坏河道，不仅将失去可爱的小河妹妹，也将失去你们山清水秀的家园。

人类收到这封信后，意识到了自己的错误。打捞了河面上的垃圾，清理了河底的淤泥，还种植了水生植物。

不久，小河妹妹变得像以前一样清澈了，小鱼也多了起来，人类的家园越来越美丽了。

第二节　我们身边的河水

小提示

它是一个美丽动人的旅游城市。甬江、姚江、奉化江——三大江在城市中奔流不息，让这个城市充满了活力。它就是我们的家园——宁波。

可是，我们常常忘记去呵护家园，原本流淌着的清澈的河水在我们的污染下变得越来越脏。

垃圾布满了水面，小河不能欢快地流淌，鱼虾们失去了它们的家园。水中成了藻类的天地。

这还是我们的家园吗？
我们的河水到底怎么了？
让我们一起来看看吧！

第三节　小河为什么会哭泣

水宝宝看到自己的兄弟姐妹，一个接一个地变得又脏又臭，十分疑惑。到底是为什么呢？在河里洗衣服、农肥进入河水里、河里长了很多水藻，就会让河水变臭吗？于是，水宝宝向无所不知的小精灵询问。

小精灵告诉水宝宝：

从前的洗衣粉里、农肥里都含有很多的“氮”和“磷”，它们可以让水藻疯狂地生长。河里的小鱼、小虾、水藻都要进行呼吸，大家需要“氧气”才能生存下去，可是，水里的“氧气”是有限的，那么多的水藻和鱼虾们争抢着，谁都得不到足够的“氧气”。慢慢地，小鱼小虾们死去了，水藻也死去了，它们的身体慢慢地腐烂，散发出臭气。而且，鱼虾和水藻腐烂的时候，也会抢走氧气，于是河水里的氧气更不够分，河水也就越来越臭了！

现在，洗衣粉虽然已经“无磷”，但仍含有其他的化学物质污染河水，大家不能去河边洗衣服哦！

其实，洗衣粉和农肥的污染主要出现在农村地区，造成城市河水被污染的原因还有很多哦！

第四节　政策措施

为了帮助水宝宝打好治水这一仗，浙江省政府不仅出台了多项治水政策，同时还充分发挥共青团的职能和优势，广泛动员 10 万名青少年成为“河小二”。为助力水宝宝加入青春力量！

小提示

如何才能成为一个合格的“河小二”呢？

为了及时发现和解决河湖管理中存在的问题，各地区开展了河长制巡河工作，由经过系统的培训和学习后的“河长”们带头巡河。而“河小二”则是河长们的小助手，是参与巡河治水行动的广大青少年的总称，发挥着协助、监督和宣传的作用。

作为一个合格的“河小二”，我们需要——注意身边有没有向河道排污水、丢弃垃圾、违规捕捞等会造成河流污染的行为；时刻关注水体清洁状况，留意河道水体的颜色、气味是否正常；关注水生植物、河道两侧的绿化树木长势是否正常等。

对相关工作人员的工作进行监督也是“河小二”工作中很重要的一环！保洁船只外观是否整洁；保洁人员是否有不当行为；是否有垃圾没有及时清理；河道护栏是否完好等。

在日常生活中，大家如果发现有环境污染的情况，可以用相机拍下来及时上报，这样“河长”们就能尽快采取行动啦！

政府强势出击，助力水宝宝！

浙江省委十三届四次全会提出“五水共治”，吹响了浙江大规模治水行动的新号角。习近平总书记在浙江工作期间也曾多次对治水工作作出重要指示和部署。

宁波市也作出全面剿灭劣Ⅴ类水，建设污水零直排区的战略部署。根据实施意见，宁波市将在2020年基本建成“污水零直排区”。这是在总结北仑区、镇海区、慈溪市、海曙区等地区截污纳管工作“先行先试”的典型做法基础上提出来的，在全省乃至全国，都是一项创新性的工作。

在政府的努力和“河小二”们的积极参与下，水污染已经得到了一定的治理。大家也来帮助水宝宝解救小鱼们吧！

不知道大家有没有听说过“河小二”巡河呢？

第二章　节约用水

第一节　神奇的淘米水

“啦啦啦……”一盆奶白的淘米水在厨房欢快地边跳舞边哼唱着。水宝宝好奇地凑上前问道：“淘米水弟弟，你怎么这么开心呀？”

“以前人们淘洗完米后，我很快被倒入下水道了。其实我有很多用途，可是人们总是忽略我。那时候我觉得特别委屈，对生活也失去了信心。”

“那现在人们对你怎么样？”水宝宝关切地问道。

“谢谢水哥哥的关心，我现在受到了人们的重视，过得很充实快乐。我的用处可大了！人们淘完米后，总拿我来洗菜。”淘米水一脸自豪。“你还可以洗菜？”水宝宝惊讶地问。“对呀，我有神奇的功效呢，能快速洗掉菜叶上的脏东西，使菜叶变得干干净净。洗完菜之后的水拿来洗碗还可以节约更多的水哟。”“淘米水哥哥可厉害了，他总是浇灌我照顾我，使我茁壮成长。”旁边的小花高兴地称赞道。

水宝宝对淘米水弟弟竖起了大拇指，“我要把你的妙用告诉更多的人，好好地珍惜你，不能像以前那样白白浪费了。让我们继续努力来发挥你更大的价值！”

第二节　宁波也是缺水的城市

水是生命之源，生活中处处需要水。

只要一拧开水龙头，水就会源源不断地流出来，很多人错误地认为，我们的水是取之不尽、用之不竭的，因此缺少节约用水的意识。但事实上，宁波也是“缺水城市”之一！

田地干枯、河道干涸、植物枯萎、动物死亡……

水资源短缺会造成许多恶劣的后果，而最严重的后果，就是人们的身体健康将会受到严重的威胁。

大家知道吗，全世界有很多人因为喝不到干净的水而生病，甚至是失去生命！

也许未来的某一天，我们也会像那些严重缺水的地区一样，再也不能随时随地用上干净的自来水哦！

第三节　宁波为什么缺水

宁波是一个位于海滨的水乡，城市中有三大江，有很多的湖泊、河流，还有雨水，水宝宝十分困惑，我们怎么会缺水呢？

小精灵看到水宝宝困惑的样子，就坐到水宝宝身边，耐心地为它讲解。

小精灵告诉水宝宝:

其实，降雨是“水循环”的过程，水从陆地和海洋进入大气，最后又降落到陆地和海洋，就这样循环往复，但并不会使地球上的水变得更多。而且，地球上的水大部分是海水，人类日常生活并不能使用海水，只能使用陆地上的淡水（淡水主要包括湖泊、河流、水库中的水）。

宁波虽然有很多的江河、湖泊，但它也有“成长的烦恼”，因为从外部流过宁波的水（也叫过境水）很少，宁波不能依靠过境水来获得更多的水资源，只能依靠自己的水循环体系为人们供水。可是，宁波人口数量很多，每个人平均拥有的水资源，只能达到浙江省和全国平均水平的一半左右。所以，宁波也是水资源短缺的城市之一，是一个位于丰水地区的缺水型城市。

在宁波，人们日常生活所用的淡水都来自水库。由于受地理条件限制等原因，水库的数量和大小都是有限的，也就是说，人们利用水库储存的、可供使用的水资源是非常有限的。

而且随着城市的发展，人们的用水量在不断增加，干净的水经过使用之后，就会变成污水，因此产生的污水量也在不断增加。污水需要经过很多道工序的处理，才可能重新成为洁净的水供我们使用，所以，如果人们的用水量一直不停地增加，我们的城市就会更加缺水啦！

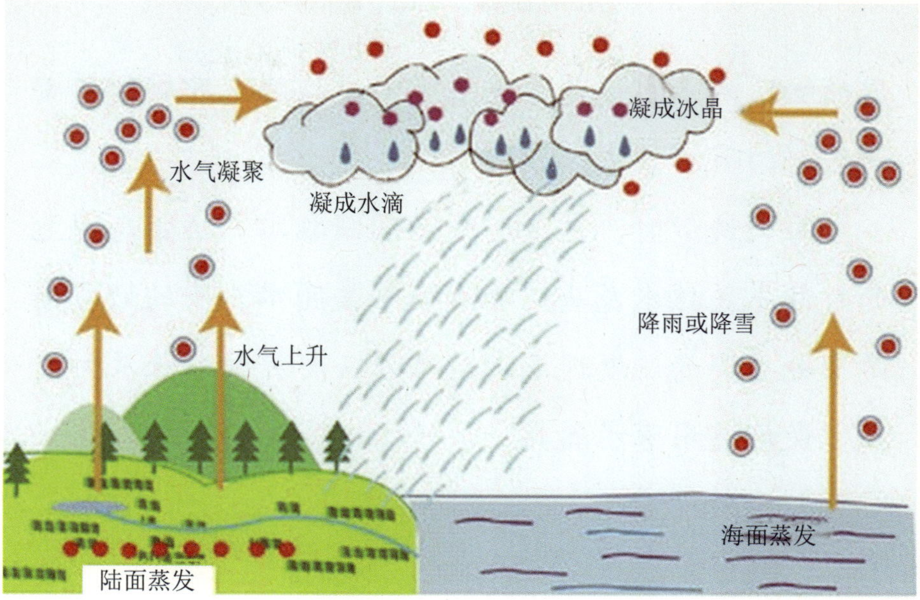

听了小精灵的话，水宝宝恍然大悟。原来，我们可用的水资源这么少，我们一定要节约用水！

第四节　政策措施

小提示

节约用水，我们能做的有哪些呢？

小朋友在帮妈妈做家务时，要记得水是可以多次利用的哟！淘米水浇花，洗衣服的水拖地、冲厕所等都是很好的节水方法。

每天洗漱时，也要避免不间断放水，搓肥皂泡泡的时候先关掉水龙头。养成随手关闭水龙头的好习惯是十分重要的。发现漏滴的水龙头要提醒家长及时更换，最好选用节水器具。

节水在浙江！

浙江省政府一直对节水问题给予高度重视。2012年，实行最严格水资源管理制度，全面推进节水型社会建设；2013年提出“五水共治”重大决策部署，抓节水作为“五水共治”中的重要组成部分；2016年，决定加快推进全省海绵城市建设，构建健康完善的城市水生态系统。

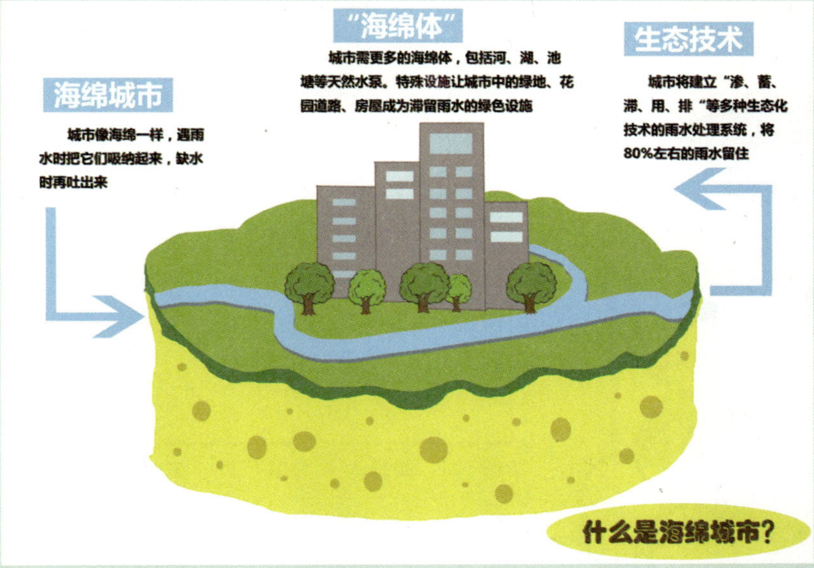

节水在宁波!

近年来，宁波市也致力于节水型城市深化建设，除了“五水共治”战略部署和“海绵城市”建设之外，实施“分质供水”，追求优水优用。即以优质水库水作为居民饮用的原水，通过加工净化供广大居民使用；并将水质情况稍差的河网水作为工业用水的原水。在保证大家有优质水可以饮用的同时，有效减少了工业生产对优质水的使用，是领跑全国的实用政策。

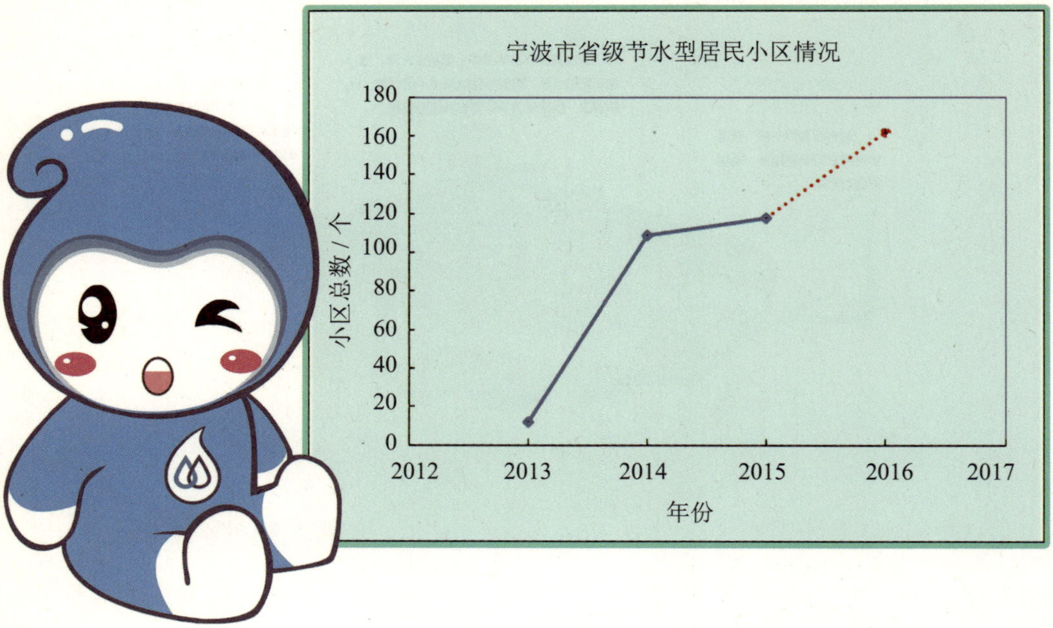
宁波市省级节水型居民小区情况
180
160
140
120
100
80
60
40
20
0
小区总数/个
2012
2013
2014
2015
2016
2017
年份

第三章　绿色出行

第一节　自行车的等待

一天，光鲜亮丽的汽车载着主人回到车库，看到了满是灰尘的自行车。汽车嘲笑自行车说：“你这个可怜的小丑，满是灰尘。看看我，崭新又漂亮，一踩油门就能跑十万八千里，主人现在只带我出门，你是不是很羡慕我呀！”自行车听了平静地说：“那是因为人们现在只看到你快速便捷的优点，忽略了你的缺点，比如……”汽车恼怒了，不等自行车说完就大喊道：“你有什么资格说我，破烂的自行车！”“你本来就有缺点呀，你身体笨重，经常堵路。养你费油又费钱，排放的尾气也污染空气！”自行车也生气了。汽车恼羞成怒：“你就是嫉妒我，你就继续待在这黑暗的车库里吧！”自行车不再理会汽车，在角落里耐心等待。

不久，气宝宝出现在自行车面前，手里拿了一块抹布。

“自行车兄弟你好，我是来人间收集废气的气宝宝。现在大气污染越来越严重，你愿意和我一起去各地宣传绿色出行，减少空气污染吗？”气宝宝说完便把自行车擦得锃亮。“好呀！好呀！我非常期待有更多的人骑着我，带我去世界各地。”自行车高兴地回答道，于是载着气宝宝离开了车库。

第二节　城市里的乌云

随着城市的发展，城市交通变得越来越发达，与此同时，我们的生活也越来越富足，大部分家庭的经济能力有了大大的提升。为了出行便利，许多家庭都开起了私家车。可是，随着汽车数量不断地增加，道路渐渐地开始变得拥堵，找停车位也成了一种困扰。

更重要的是，排放进空气里的汽车尾气越来越多，宁波的大街小巷在不知不觉中已布满了“尾气乌云”。汽车尾气中包含了许多的有毒有害物质，不仅会污染环境（如造成酸雨、引起光化学烟雾等），还会危害人们的身体健康，引发各种各样疾病。“尾气乌云”带走了蓝天，也带走了我们健康！

一起来看看我们的身边的“尾气乌云”吧！

第三节　乌云尾气到底是什么

汽车尾气里到底有什么呢？它为什么会污染环境、危害我们的身体健康呢？气宝宝怎么都想不明白，赶紧向小精灵询问。

小精灵告诉气宝宝:

汽车尾气里含有上百种不同的化合物，其中主要的有毒有害物质有：一氧化碳（CO）、氮氧化物（NO_x）、碳氢化合物（HC）、细颗粒物（$PM_{2.5}$）等。这些有毒有害物质会造成各种各样的污染和危害，其中非常重要的一种污染就是光化学烟雾。

汽车尾气中的碳氢化合物（HC）和氮氧化物（NO_x）在阳光中紫外线的照射下，会发生非常复杂的光化学反应形成新的污染物，新的污染物和原来的污染物混合之后，最终就变成淡蓝色的有毒烟雾，这种烟雾就是光化学烟雾。

光化学污染不仅会对人和动物的健康造成伤害，还会降低植物对病虫害的抵抗力，让植物也无法健康生长。而且，它还会使大气的能见度降低，使我们的视程缩短，导致交通事故增多呢！

气宝宝听了小精灵的讲解，吓坏了！我们可不能让汽车尾气一直增多呀，请帮助气宝宝想一想，到底应该怎么办呢？

第四节　政策措施

我们要在生活中将绿色出行的理念贯彻到底，真正将气宝宝的呼吁放在心上！作为小环保宣传卫士，要经常提醒爸爸妈妈尽量选择公共交通，少开私家车，既环保又不用再为交通堵塞发愁；短途出行时，选择骑自行车或者步行，在保护环境的同时还可以健身呢！

面对日益严峻的大气污染问题，政府早就采取行动，李克强总理在2014—2017年的政府工作报告中就提出机动车污染防治的要求，浙江省政府也作出指示，要求分两年完成黄标车淘汰工作。

同时，宁波市积极推进公共交通建设，鼓励市民绿色出行。

近年来，市内的公交路线及公交站点的安排经过调整，比以往更加合理了，地铁也正在不断扩建中，节假日还增设了专线公交，公共自行车也变得随处可见，人们出行有了更多便捷的选择，也更加绿色环保。

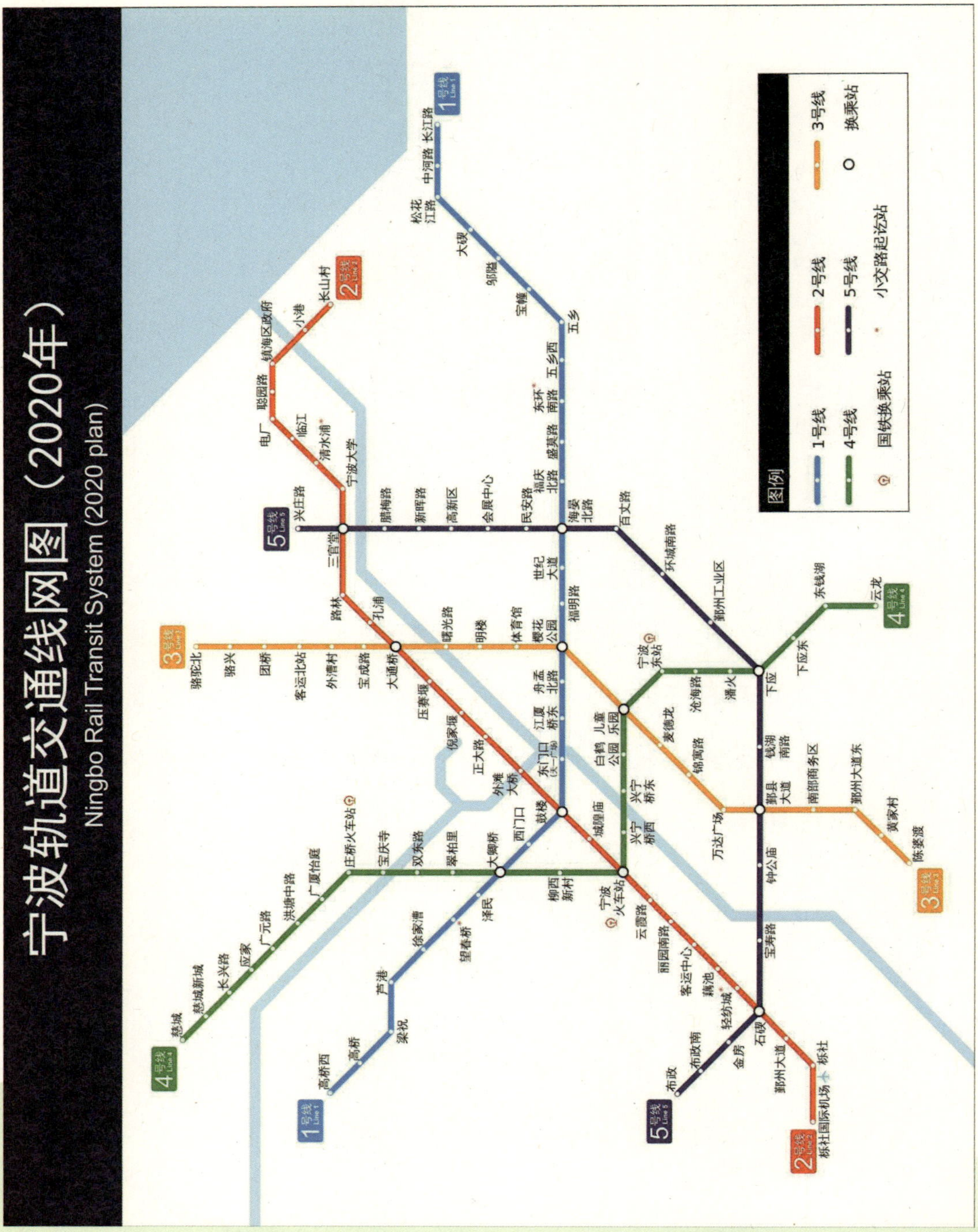
宁波轨道交通线网图（2020年）
Ningbo Rail Transit System (2020 plan)
图例
1号线
2号线
3号线
4号线
5号线
换乘站
国铁换乘站
小交路起讫站
1号线 Line 1
2号线 Line 2
3号线 Line 3
4号线 Line 4
5号线 Line 5
长江路
中河路
松花江路
大碶
邬隘
宝幢
五乡
五乡西
东环南路
盛莫路
福庆北路
海晏北路
世纪大道
福明路
樱花公园
江厦桥东
东门口（天一广场）
鼓楼
西门口
大卿桥
泽民
望春桥
徐家漕
芦港
梁祝
高桥
高桥西
长山村
小港
镇海区政府
聪园路
电厂
临江
清水浦
宁波大学
三官堂
路林
孔浦
大通桥
压赛堰
倪家堰
正大路
外滩大桥
城隍庙
宁波火车站
云霞路
丽园南路
客运中心
藕池
轻纺城
石碶
栎社
栎社国际机场
骆驼北
骆兴
团桥
客运北站
外漕村
宝成路
曙光路
明楼
体育馆
舟孟北路
兴宁桥东
麦德龙
锦寓路
万达广场
鄞县大道
南部商务区
鄞州大道东
黄家村
陈婆渡
慈城
慈城新城
长兴路
应家
广元路
洪塘中路
广厦怡庭
庄桥火车站
宝庆寺
双东路
翠柏里
柳西新村
兴宁桥西
白鹤公园
儿童乐园
宁波东站
沧海路
潘火
下应
下应东
东钱湖
云龙
兴庄路
腊梅路
新晖路
高新区
会展中心
民安路
百丈路
环城南路
鄞州工业区
钱湖南路
钟公庙
宝寿路
金房
布政南
布政
鄞州大道

第四章　垃圾分类

第一节　变废为宝的智能箱

一天，老爷爷提着一大摞报纸路过小区门口，看到了很多大柜子。柜子上分别写着“纸张、玻璃、金属、塑料”，还有一个小屏幕。爷爷对此一脸疑惑：“这是什么，有什么作用？”

正在老爷爷准备离开的时候，固宝宝出现了，连忙叫住了老爷爷：“老爷爷，我来给您讲解吧！这是小区新增的垃圾分类智能柜，您手中的废报纸可以丢到这个大柜子里。”“我要怎样把报纸丢进智能柜呢？”老爷爷还是很困惑。固宝宝耐心地教爷爷：“您可以用手机或者智能卡，选择对应投放的废品类别，开箱后就可以投放了。”在固宝宝的帮助下，爷爷将报纸投到智能垃圾箱里，屏幕马上显示了纸板的重量。

“现代科技可真厉害，垃圾分类也这么先进了。”老爷爷不禁称赞道。固宝宝继续热情地介绍：“只要将可回收物正确分类投放，就可以获取相应的积分，积分可以到社区环保驿站换取脸盆、杯子、肥皂等日用品呢。”老爷爷笑着说：“谢谢你的帮助！有了智能柜，垃圾变废为宝了，以后我们会经常使用这些实用的智能箱。”有了老爷爷的肯定，固宝宝对垃圾分类信心满满。

第二节　垃圾的危害

随着城市的发展，我们产生的垃圾量也在快速增长，大家知道宁波中心城区每天会产生多少垃圾吗？

目前，宁波中心城区平均每天产生的垃圾有 5200 吨，体积相当于在标准游泳池里建造的四层高楼！

垃圾数量如此庞大，这给垃圾处理工作带来了巨大的压力，垃圾一旦处置不当，或者没能及时处理，就会造成各种各样的社会问题和环境问题。

填埋垃圾占用过多的土地资源。

垃圾堆放场地成了有害生物的巢穴。

垃圾以及其渗滤液进入河道污染河水。

垃圾恶臭污染空气，垃圾堆放不当引起火灾等。

想象一下城市中垃圾遍地、蚊蝇满天飞的画面，真是太可怕啦！垃圾的日益增多不容我们忽视！

第三节　垃圾分类的重要性

固宝宝看着垃圾处理厂每天运入成千上万吨的垃圾，既担心又无奈。

垃圾太多啦，而且种类五花八门，全都混在一起，处理起来非常困难。现在虽然还能勉强处理，但如果继续增多该怎么办呀！难道要再造几个垃圾处理厂吗？

小精灵得知固宝宝的烦恼后，立刻否定了固宝宝的想法。垃圾处理的过程本身就会产生许多问题，如填埋垃圾需要占用大量的土地。另外，垃圾处理厂的建设难度也非常大。总之，想通过建造垃圾处理厂来解决垃圾处理的问题并不是很好的办法。

固宝宝听了，更加苦恼了，小精灵却微微一笑。其实，要解决问题也不难，关键是从源头做起，做好“垃圾分类”！

固宝宝开心得跳了起来！对，就是“垃圾分类”！

小精灵告诉固宝宝:

垃圾是放错地方的资源，人们每天产生的垃圾中，有许多是可以回收后重新进行利用的，还有许多类型的垃圾，在分类之后用合适的方法单独进行处理，处理难度会减小许多呢。

人们现在没有做好垃圾分类的工作，难怪垃圾处理厂会不堪重负。分类投放、分类收集、分类运输、分类处理，这才是解决垃圾处理问题真正的方法！

第四节　政策措施

通过垃圾分类来减少垃圾堆积既可以保护环境，又有利于资源的回收利用。

在学校里，小朋友们可以这样做：把废纸张、塑料瓶这类垃圾放入可回收垃圾桶，其他的垃圾放入其他垃圾桶，在分不清垃圾的种类时，要及时询问老师。在家或是在一些公共场所，大家也要提醒爸爸妈妈一起做好垃圾分类。

除了进行垃圾分类，尽量减少垃圾的产生也非常重要！比如把旧衣物进行捐赠，既环保又可以献出一份爱心；买东西时尽量选择可以重复使用的、耐用的物品等。小朋友们要时刻记得“环保”这两个字哦！

政府在召唤！全民参与垃圾分类

“垃圾分类”一直是人们普遍关注，政府又多次强调的“民生”话题，它是解决“垃圾围城”问题的有效办法。2016 年年底，习近平总书记在中央财经领导小组会议上把“垃圾分类”定性为人们普遍关心的突出问题。2017 年 3 月，国务院办公厅转发了生活垃圾分类制度实施方案。2017 年 12 月，浙江省生活垃圾分类处理工作动员会在杭州召开，省委书记、省长等主要领导亲自动员并部署工作。我们看到了政府的决心和信心，而我们也要响应政府的号召，全民参与“垃圾分类”，为了固宝宝，也为了我们自己！

第五章 噪声污染

第一节　乐音与噪声

有一对声音兄弟，一个叫“乐音”，一个叫“噪声”。“乐音”活泼可爱，只要它一出现，人们就喜笑颜开。而“噪声”调皮捣蛋，只要它一出现，人们就皱起眉头。

有一天，噪声对乐音表示不满：“为什么人们喜欢你，却讨厌我！”乐音说：“人们听了我的声音心旷神怡。”“你的声音这么轻，有什么好听的，我的声音响彻云霄。”噪声喊道。它们一争执，顿时，广场上响起“咚咚咚”的舞曲，小汽车则是“嘀嘀嘀”地开着。躺在床上的人们无法入眠，充满抱怨。声宝宝听到了人们的抱怨便出现在声音兄弟面前，制止他们继续吵架。

噪声不屑地说：“不用你管，这是我们兄弟俩的事儿。”声宝宝严肃地说：“这不仅仅是你们兄弟的事儿，你们吵架已经影响了大家。”噪声不以为然地说：“我给大家提神醒脑，人们应该感谢我才是。”声宝宝气愤地说：“你还不知道错吗？正因为你的无理取闹，大人才不能专心工作，孩子们的学习成绩也一落千丈。”

听到声宝宝严厉的批评，噪声感到十分震惊，原来自己的大嗓门真的扰乱了人们的生活。噪声终于认识到自己的错误，惭愧地低下了头。

第二节　生活中的噪声

声音是我们生活的一部分，它让我们的生活充满乐趣。可是，当声音成了噪声，就不那么可爱啦！

什么是噪声呢？

从整体上看，凡是妨碍到人们正常休息、学习和工作的声音，以及对人们要听的声音产生干扰的声音，都属于噪声。

所以，噪声污染的来源有很多，生活中许多声音都有可能成为噪声，如街道上的汽车声、建筑工地的机器声、住宅楼中室内装修的声音、安静的图书馆里的说话声、午休时旁边同学的吵闹声等，都是噪声。

噪声会使我们感到烦躁，长期在噪声环境下生活，会严重危害我们的健康，大家一定要引起重视！

第三节　噪声的危害

噪声污染有那么可怕吗？它到底会对我们的身体造成哪些危害呢？

声宝宝想，既然是噪声，当然是会损伤听力呀！

小精灵告诉声宝宝:

小精灵微笑着对声宝宝点了点头。是的，噪声会损伤听力，因为感声器官（也就是耳蜗）的感声细胞在噪声环境下，可能会受到永久性的伤害，渐渐形成耳聋。但是，噪声的危害可不仅仅是损伤听力，长期处于噪声环境下，还会引发许多其他的疾病，例如，使人心跳加快、血压增高，引发心脏病、高血压等疾病；使人的唾液、胃液分泌减少，引起胃病；刺激眼睛，使眼睛出现疲劳、疼痛、流泪等症状；使人无法安睡，造成失眠、疲劳无力、记忆力衰退等，严重时甚至会使人神经衰弱……

这下，声宝宝目瞪口呆了，噪声污染真的太可怕啦！我们可一定要重视对噪声污染的控制，不让噪声危害我们的健康！

第四节　政策措施

减少噪声，首先，我们自己要做到细语轻声。在学校里，不要和小伙伴争吵打闹，大声喧哗；在家里，记得提醒家长，不要把电视或音响的声音开得太大，要做好环保小家长；在公共场所更要时刻注意，不给别人造成困扰。

除了不让自己成为噪声污染源外，做好宣传小卫士也是很重要的工作。如和小伙伴们一起设计宣传标语，课外实践时，选择噪声污染的防治作为课题开展宣传活动等。

面对越来越严重的噪声问题，政府及时做出了应对。根据不同的区域规定了噪声最高限值，并且由环保、公安、城管三个部门分工合作进行监管，如果有人违反就会受到警告甚至是罚款处罚。城市五类区域的环境噪声最高限值分别为：

区域分类	昼间限值	夜间限值
疗养区、高级别墅区、高级宾馆区	50 分贝	40 分贝
以居住、文教机关为主的区域	55 分贝	45 分贝
居住、商业、工业混杂区	60 分贝	50 分贝
工业区	65 分贝	55 分贝
城市中的道路交通干线道路、内河航道、铁路主、次干线两侧区域	70 分贝	55 分贝

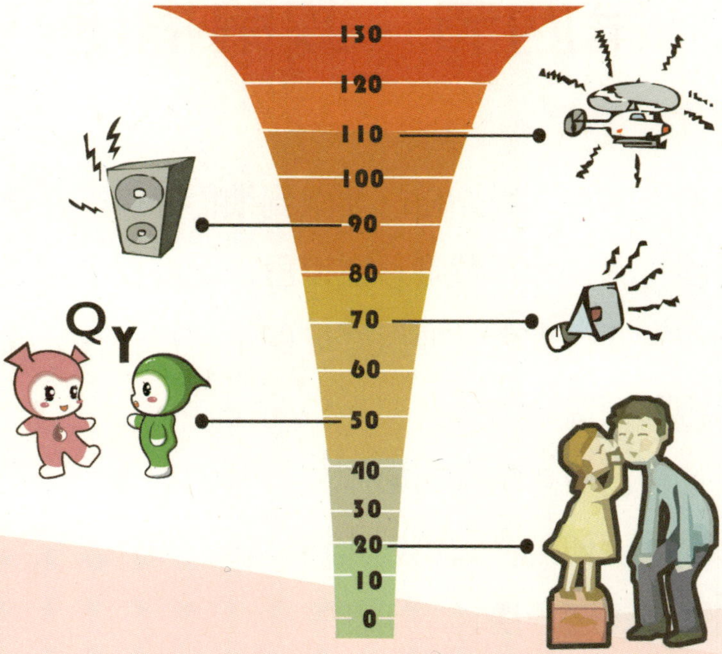

第六章 海洋环保

第一节　愤怒的鲸

蔚蓝的大海中，一头蓝鲸气汹汹地浮出水面，猛地将海水喷出近十米高。正在巡察海洋生态的水宝宝看到连忙游到蓝鲸旁边，关心地问道：“蓝鲸哥哥，你好像很生气，发生什么事情了？”

蓝鲸愤愤不平地回答说：“我在为我们的命运鸣不平。在几千万年前，我的祖先生活在遥远而神秘的陆地上，生活宁静而美好。但是为了更多的生存空间和食物，我们不得不迁徙到海洋。没有人能够想象我们刚进入海洋时有多么痛苦，苦咸的海水涌进我们的鼻孔，又痛又痒，看似简单的呼吸动作让我们难受不已，肺被挤压得快要爆炸了！当我们适应了在海里生活，却发现我们赖以生存的海洋正经受着温度上升、酸化、赤潮、海洋垃圾、船舶石油泄漏等威胁。我只能眼睁睁地看着身边的伙伴慢慢消失，我也不禁为自己的命运感到担忧，难道还要逼着我们长出一双翅膀，变成一只只奇怪的“鲸鸟”吗?

水宝宝听完后神色凝重，陷入了沉思：“我要让人们意识到海洋污染的严重性！”

第二节　海洋需要我们的关爱

宁波地处东南沿海，是世界第四大港口城市，宁波与海洋密不可分。

然而，近年来海洋污染困扰着宁波——海洋赤潮时有发生，造成大量鱼虾死亡，如果赤潮藻中含有毒素，毒素还会通过食物链对人类健康造成威胁！

船舶石油泄漏也危害着海洋生态，海洋生物因此难以生存，海鸟因此失去飞翔的力量，人类也可能因为吃了含有石油的海产品而影响健康。

人们在海边游玩过后，随意将各种垃圾留在沙滩、扔向海洋，塑料袋、塑料瓶等垃圾遍布海面。

海洋污染与我们的生活息息相关，我们食用海产品、欣赏海景的同时，是否应该对海洋多一些关爱呢？

第三节 海洋污染如何危害海洋生物

虽然水宝宝对于宁波海洋污染的主要类型有所了解，但仍有许多不明白的地方，例如，石油污染是怎样杀死鱼虾的？赤潮和赤潮藻又是怎么回事呢？

水宝宝还是决定去请教见多识广的小精灵，而小精灵也非常乐意为水宝宝讲解。

小精灵告诉水宝宝：

石油污染会杀死鱼虾是因为石油会漂浮在水面上，阻隔空气，使进入海水的氧气变少，另外，分解水中的石油需要消耗大量的氧气，这就使得海水中氧气含量更少了。鱼虾没有足够的氧气，就慢慢死去啦。

水宝宝惊讶极了，原来分解石油还需要消耗氧气呀！

小精灵又接着说道，“赤潮藻”是海藻家族中可以引起赤潮的藻类，也称为赤潮生物。城市污水、海水养殖残留饵料及鱼类排泄物中，都含有丰富的氮、磷及其他营养物质，这些物质进入海水，让原本正常的海水拥有了过多的营养物质，赤潮藻会疯狂地繁殖、生长，引起赤潮。赤潮发生时，海水会因为赤潮藻种类和数量的不同，呈现出红、黄等颜色。

那么，赤潮造成鱼虾死亡也是因为藻类跟鱼虾争夺氧气吗？

小精灵摇了摇头。不，赤潮藻可不同于河里的水藻，它造成鱼虾死亡的原因比河里的水藻复杂多了！

赤潮藻会聚集在鱼儿的鳃部，让鱼儿无法呼吸，最后缺氧窒息而死。赤潮藻死亡后，藻体分解会消耗大量氧气，导致鱼虾缺氧而死。另外，还有一些赤潮藻是有毒的，当鱼虾吞食大量有毒的赤潮藻后，也会死亡！

水宝宝聚精会神地听完小精灵的讲解，感叹道，原来海洋污染这么复杂呀！

第四节　政策措施

面对这样严峻的形势，小朋友们一定很想为治理海洋污染出一份力吧！可惜，我们年龄还小，能力有限，很难参与海洋保护这样的大工程。不过小朋友们也不用气馁，这并不代表我们就只能在精神上支持大人们的行动，监督和宣传的工作可没人比我们更合适了！

小精灵告诉水宝宝：

时刻提醒身边的人，在海上坐船或者在沙滩上游玩时不要随意丢弃垃圾；抵制非法捕捞、非法买卖海产品，如禁止捕捞禁渔期规定禁捕的鱼类、禁止捕捞未达最小可捕规格的幼鱼等。

我们的力量也许很小，但我们可以让更有力量的人们正视海洋污染问题，这也是很大的贡献呀！

重点保护品种	最小可捕过渡性规格（个体体重）
带鱼	60g
大黄鱼	125g
小黄鱼	30g
银鲳鱼	60g
鲐鱼	65g
三疣梭子蟹	70g